Sonja Schulmeister

Nationalparks in Kanada. Zwischen Bildungsauftrag und Tourismus

GRIN Verlag

Bibliografische Information der Deutschen Nationalbibliothek:

Die Deutsche Bibliothek verzeichnet diese Publikation in der Deutschen National-
bibliografie; detaillierte bibliografische Daten sind im Internet über http://dnb.d-
nb.de/ abrufbar.

Impressum:

Copyright © 2003 GRIN Verlag GmbH
Druck und Bindung: Books on Demand GmbH, Norderstedt Germany
ISBN: 978-3-656-56092-0

Dieses Buch bei GRIN:

http://www.grin.com/de/e-book/20508/nationalparks-in-kanada-zwischen-bildungs-
auftrag-und-tourismus

GRIN - Your knowledge has value

Der GRIN Verlag publiziert seit 1998 wissenschaftliche Arbeiten von Studenten, Hochschullehrern und anderen Akademikern als eBook und gedrucktes Buch. Die Verlagswebsite www.grin.com ist die ideale Plattform zur Veröffentlichung von Hausarbeiten, Abschlussarbeiten, wissenschaftlichen Aufsätzen, Dissertationen und Fachbüchern.

Besuchen Sie uns im Internet:

http://www.grin.com/

http://www.facebook.com/grincom

http://www.twitter.com/grin_com

Friedrich-Alexander-Universität Erlangen-Nürnberg
Wirtschafts- und Sozialwissenschaftliche Fakultät
Lehrstuhl für Wirtschafts- und Sozialgeographie

Nationalparks in Kanada

Zwischen Bildungsauftrag und Tourismus

Sonja Schulmeister

Gliederung

1.   Einführung

1.1   Definition

„Ein Nationalpark ist eine großräumige Landschaft, die wegen ihrer natürlichen Schönheit und ihrer Naturschätze von nationaler Bedeutung ist, darum geschützt und gepflegt und gegebenenfalls mit Erholungseinrichtungen ausgestattet wird." (vgl. www.wissen.de)

Zudem sollten Nationalparks um als internationale Schutzgebiete anerkannt zu werden eine Fläche von mindestens 100 km² aufweisen (ein Kriterium, dass nicht alle kanadischen Nationalparks erfüllen) sowie zu 75% in unverändertem, natürlichen Zustand sein.

1.2   Geschichte und Verwaltung

Die Idee, Nationalparks einzurichten stammt aus den USA, wo im Jahr 1872 der weltweit erste Nationalpark, der Yellowstone Park gegründet wurde. Schon wenige Jahre später wurde die Idee von Kanada übernommen. Im Gegensatz zu den USA waren hier zunächst vor allem wirtschaftliche Gründe für die Einrichtung ausschlaggebend. Beim Bau der transkontinentalen Eisenbahn wurden in den Rocky Mountains heiße Schwefelquellen entdeckt und um Reisende anzulocken und sich zugleich die Nutzungsrechte zu sichern, entschloss sich die Regierung 1885, das Gebiet um die Bahnstation Banff als staatliches Reservat mit einer Fläche von zunächst 26 km² auszuweisen. Die Beliebtheit dieses Parks führte dazu, dass kurz darauf weitere Gründungen erfolgten, auch dies Landschaften mit hohen Erholungswerten, bei denen die Nutzung durch die Bevölkerung im Vordergrund stand.

1911 wurde mit der Dominion Parks Branch (heute Parks Canada) eine zentrale Behörde zur Verwaltung der Parks ins Leben gerufen. Das Engagement und der Sachverstand ihres Leiters James B. Harkin führte nicht nur zu weiteren Parkgründungen und zum Bau von Einrichtungen und Zufahrtsstrassen, sondern 1930 auch zum ersten National Parks Act, der eine industrielle Nutzung verbot.

In den 1960er-Jahren führte eine erstarkende Umweltschutzbewegung dazu, dass erstmals nicht mehr der Tourismus, sondern der Umweltschutzgedanke in den Vordergrund rückte. 1964 trat eine neue Nationalparkpolitik in Kraft, in der das gesamte Land in 39 Naturregionen unterteilt wurde (s. Abb. 2). Es wurde vorgesehen, dass jede der Regionen durch einen ausreichend großen Nationalpark repräsentiert werden sollte. Da jedoch aufgrund der wirtschaftliche Rezession in den 80er-Jahren umfangreiche Streichungen im Budget der Parkverwaltung vorgenommen wurden, konnte dieses Ziel bislang nicht erreicht werden. Es sind erst 65% der langfristig angestrebten Fläche und 24 Regionen geschützt (vgl. Maybank, 2001, S. S9). Zwar gibt es mittlerweile fast 40 Nationalparks in Kanada, diese sind jedoch nicht gleichmäßig über die Regionen verteilt. So findet man z. B. in den Rocky Mountains gleich sechs Parks und in den St. Lawrence Lowlands vier, wohingegen in flächenmäßig wesentlich größeren Regionen wie den Northern Interior Plateaux and Mountains oder dem Boreal Lake Plateau bislang keine Parks eingerichtet wurden, auch wenn zum Teil schon Land dafür vorgesehen wurde (vgl. Lenz 2001, S. 56 u. 57).

Bei einigen dieser Gebiete muss noch der Ausgang der Verhandlungen mit den First Nations, den indianischen Ureinwohnern, abgewartet werden, bevor sie fest etabliert werden können. Die First Nations-Gruppen leben heute in 630 Gemeinden über das ganze Land verteilt. Viele von ihnen strengen zur Zeit Rechtsverfahren an, in denen die Eigentumsverhältnisse der Gebiete, auf die sie Anspruch erheben, geklärt werden sollen. In vielen Parks bleibt ihnen ihre traditionelle Lebensweise, z. B. die Jagd für den Eigenbedarf, weiterhin gestattet und in den gerade entstehenden Nationalparks werden sie häufig bei der Konzeption und Verwaltung miteinbezogen.

Neben den unter der Aufsicht der Bundesregierung stehenden Nationalparks gibt es in Kanada noch andere, weniger alte und bekannte Arten von Schutzgebieten. Die National Marine Conservation Areas werden ebenfalls von Parks Canada geleitet. Von ihnen gibt es bislang nur zwei, den Fathom Five National Marine Park im Lake Huron (Provinz Ontario), sowie den Saguenay-St. Lawrence Marine Park (Provinz Quebec). Sie dienen dem Schutz mariner Ökosysteme. Zudem gibt es Hunderte von Provinzparks, die von den Provinz- bzw. Territorialregierungen verwaltet werden. Auch sie dienen zu einem großen Teil dem Erhalt bestimmter ökologischer Lebensräume und sind gleichzeitig Erholungsgebiete. Somit erfüllen sie Aufgaben, die denen der Nationalparks ähneln, wenn sie auch flächenmäßig meist kleiner sind als diese. Betrachtet man nur die Nationalparks, so werden 182100 km² oder 2% der Landfläche Kanadas geschützt, rechnet man die Provinzparks hinzu, erhöht sich diese Zahl auf 400000 km² oder 4% (vgl. Vogelsang 1993, S.105).

Abb. 1: Die kanadischen Nationalparks

Quelle: www.kanadisch.com

2. Bildungsauftrag

Der hauptsächliche Bildungsauftrag eines Nationalparks besteht darin, die Öffentlichkeit für den Schutz der natürlichen Umwelt und den schonenden Umgang mit ihr zu sensibilisieren. Dies geschieht vor allem dadurch, dass Besuchern der Zugang zum Park und seine Nutzung möglich gemacht wird. Somit hängt die Bildungsfunktion, die ein Park erfüllen kann davon ab, ob und wie viele Besucher ihn aufsuchen. Da 95 % der knapp 31 Millionen Kanadier in einem 500 km schmalen Streifen nördlich der Grenze zu den USA leben, betrifft der Bildungsauftrag vor allem die Nationalparks im Süden Kanadas. Die weiter im Norden gelegenen weisen vernachlässigbar geringe Besucherzahlen auf, da sie nur mit großem Zeit- und Geldaufwand erreichbar sind. Aufwendige Bilddungsprogramme, die einer breiten Masse zugänglich sind, sind für diese Parks folglich unnötig; ihr Aufgabengebiet konzentriert sich auf den Naturschutz, häufig ist nicht einmal ein Besucherzentrum vorhanden.

Tab. 1: Flächen und Besucher der Nationalparks nach Regionen

	Anzahl der Nationalparks	Fläche 1996 (%)	Besucher 1995/96 (%)
Atlant. Osten/Quebec	10	2,2	17,7
Ontario	5	0,9	5,7
Mittlerer Westen	4	3,6	5,3
Rocky Mountains	7	10	64,4
Pazifische Küste	2	0,8	6,4
Norden	10	82,5	0,5
Gesamt	**38**	**100**	**100**

Quelle: Lenz 2001, S. 60

In den stärker frequentierten Nationalparks dagegen wird dem Besucher ein umfassendes und meist kostenloses Informationsprogramm geboten. In den Besucherzentren, die häufig gleichzeitig Museen sind, in denen die Geschichte des jeweiligen Parks dargestellt wird, finden Vorträge und Kaminabende statt, der Besucher kann sich mit Broschüren versorgen und darüber informieren, wann und wo er an fachkundig geführten Wanderungen teilnehmen kann. Im Inneren der Parks runden Naturlehrpfade und zahlreiche Informationstafeln das Programm ab.

Besonders großer Wert wird darauf gelegt, Kinder und Jugendliche zur Natur hinzuführen. „We all know that children quickly grow into the decisionmakers of the future. It is crucial they experience the innate value of wilderness while they are young." (vgl. http://www.cpaws.org/education/index.html) In einigen Parks werden die in Nordamerika beliebten Sommercamps angeboten, in denen vor allem Stadtkinder die Möglichkeit haben den Umgang mit der Natur zu erlernen. Parks Canada stellt auf seiner Homepage Unterrichtsmaterial für Lehrer zum Download zur Verfügung. Die Nationalpark-Arbeitsblätter sind dabei für eine Verwendung im Geographieunterricht vorgesehen. Eine weitere Erziehungsmaßnahme ist der im Jahr 2000 von Parks Canada und der Lehrerkonferenz O.A.G.E.E. (Ontario Association for Geographic and Environmental Educators) ins Leben gerufene Ecological Integrity Poster Contest. Schüler der neunten Jahrgangsstufe sollen hierbei das Ökosystem eines kanadischen Nationalparks darstellen, das sie vorher vor Ort erforscht haben.

Neben Parks Canada gibt es noch andere, meist ehrenamtliche Organisationen, die sich dem Bildungsauftrag der Natur im Allgemeinen und der Nationalparks im Besonderen verschrieben haben. Beispielhaft sei hier die Canadian

Parks and Wilderness Society (CAPWS) genannt. Sie veröffentlicht Broschüren und Informationsblätter, gibt Anregungen für Eltern und Lehrer und organisiert Umweltschutzkampagnen. Die elf CAPWS-Büros sind über das ganze Land verteilt.

3. Tourismus

In den bisher 38 kanadischen Nationalparks werden jährlich fast 15 Millionen Besucher registriert – mit steigender Tendenz. Die tatsächliche Zahl liegt jedoch weit darüber. Da die meisten Kanadier im eigenen Land Urlaub machen, stellen sie den Großteil der Besucher dar. Auch eine große Zahl von US-Amerikanern besucht die Nationalparks des Nachbarlandes (Bsp. Banff-Nationalpark: 80 % Kanadier, 10 % US-Amerikaner). Europäische und japanische Besucher sind dagegen in der Minderheit, obwohl die Nationalparks im Ausland als das Symbol Kanadas schlechthin gelten.

Wie bereits erwähnt, stand bei den ersten Nationalparkgründungen die Nutzung durch die Bevölkerung im Vordergrund. Erst mit dem National Parks Act von 1979 änderte sich dies. Er räumte dem Erhalt des Naturerbes oberste Priorität ein und drängte den Tourismus in den Hintergrund. Im Laufe der Jahre wurden die Bestimmungen immer strenger. Besuchern wird der Zutritt heute nur noch dort gestattet, wo die natürlichen Ressourcen nicht in Gefahr sind. Dieser sustainable tourism (nachhaltiger Tourismus) hat zum Ziel, die Natur auch künftigen Generationen in ihrer ursprünglichen Form zu erhalten. Die Schaffung von Freizeiteinrichtungen wie Skipisten, Golf- und Tennisplätzen ist heute nicht mehr erlaubt; in den Parks, in denen es Einrichtungen dieser Art gibt, bestehen sie schon seit langem und dürfen auch weiterhin genutzt werden. Aktivitäten, die die Natur nicht gefährden, wie Schwimmen, Picknicken, Kanufahren und Wandern, können vor allem im Eingangsbereich der Parks ungehindert ausgeübt werden. Bergbesteigungen und Höhlenforschung müssen vorher von der Parkverwaltung genehmigt werden. Dadurch wird neben dem Schutz der Natur auch die Sicherheit der Besucher gewährleistet. Für viele dieser Aktivitäten wird in den meisten Parks neben dem Eintrittspreis eine weitere Gebühr verlangt.

Besonders für die Rocky Mountains-Nationalparks stellt die Doppelfunktion Naturschutz und Tourismus eine Herausforderung dar. Mehr als zwei Drittel der Besucher nutzen hier nur 10 % der Gesamtfläche aller kanadischen Parks. Auch in den im Osten des Landes (Ontario, Quebec, Atlantikprovinzen) gelegenen Parks ist der Anteil der Touristen sehr viel höher als die Fläche vermuten lassen würde. Dagegen verteilen sich in den zehn Parks im Norden nur 0,5 % der Besucher auf mehr als vier Fünftel der Fläche (vgl. Tab. 1). Der Grund dafür liegt zum Einen – wie schon erwähnt – darin, dass sich die kanadische Bevölkerung auf den Süden des Landes konzentriert, zum Anderen darin, dass die stärker besuchten Parks die älteren und dadurch für den Tourismus attraktiveren Schutzgebiete sind, da hier Freizeitaktivitäten möglich sind, die in den anderen Parks nicht geboten werden. Zudem besitzen sie eine gute Verkehrsanbindung, während von den im Norden gelegenen Parks nur Kluane über eine Straße erreicht werden kann. Hinzu kommt, dass das kalte Klima des Nordens einen Tourismus kaum möglich macht.

4. Beispiele kanadischer Naturparks

Im folgenden sollen nun drei Beispiele kanadischer Parks – zwei Nationalparks und ein Provinzpark - vorgestellt werden, die sich hinsichtlich ihrer Lage und Besucherzahlen stark unterscheiden, was dazu führt, dass Tourismus und Naturschutz ebenfalls sehr unterschiedliche Stellenwerte besitzen.

4.1 Banff National Park

Der Nationalpark Banff liegt in der Provinz Alberta in den östlichen Rocky Mountains, etwa 130 km von Calgary und 850 km von Vancouver entfernt. Gegründet im Jahr 1885, damals noch unter dem Namen Rocky Mountains Park, ist er der älteste Nationalpark Kanadas und der drittälteste der Welt. Im Laufe der Jahre wurde er von

ursprünglich 26 auf 6641 km² vergrößert. Zusammen mit den unmittelbar an ihn anschließenden Nationalparks Yoho, Kootenay und Jasper wurde er von der UNESCO zum Weltnaturerbe erklärt. Er ist der bekannteste Nationalpark Kanadas und mit jährlich 4,5 Millionen Besuchern auch der am meisten besuchte. Der Trans Canada Highway, der das

Bild 1: Moraine Lake – Nationalpark Banff

Land vom Atlantik bis zum Pazifik verbindet, durchschneidet ihn im Süden, zusätzlich ist er auch aus anderen Richtungen über weitere Highways erreichbar. Die

Hauptverkehrsachse, der Banff Jasper Highway, durchquert den Park in seiner ganzen Länge und folgt dabei verschiedenen Flusstälern. Er gilt als eine der landschaftlich schönsten Strecken der Welt. Dort liegen auch die Versorgungsorte Banff und Lake Louise, die sich seit der Gründung des Parks entwickelt haben. Diese sind ganz auf den Tourismus eingerichtet, mit Unterkünften jeder Preiskategorie, Geschäften, Souvenirläden, Tankstellen und einem Krankenhaus. Auch die Besucherzentren des Park Services befinden sich hier.

Besonders stark besucht ist der Park im Hochsommer und zur Skisaison. Die beliebtesten Freizeitaktivitäten im Sommer sind neben Wandern und Bergsteigen auch Kajak- und Kanutouren; im Winter konzentriert sich der Besucherandrang auf die Skipisten und Langlaufloipen. Die heißen Mineralquellen, denen der Park seine Entstehung verdankt, werden zu jeder Jahreszeit stark frequentiert. Obwohl der Park gerade einmal 3% der Gesamtfläche aller Nationalparks Kanadas ausmacht, nimmt er mehr als ein Drittel aller Besucher auf (vgl. Tab. 2). So ist es nicht verwunderlich, dass ein ständiger Konflikt zwischen dem Naturschutz und dem Ausbau der Infrastruktur für die Touristen besteht. Mit dem Parkgesetz von 1979 und dem Green Plan von 1990 rückte der Naturschutz an erste Stelle und es wurde ein Konzept ausgearbeitet, das den Park in fünf verschiedene Zonen einteilt. (Eine solche Zonierung gibt es auch in anderen Parks.) Zone I (Special Preservation) nimmt 4 % der Gesamtfläche ein und steht unter höchstem Schutz, da hier z. B. seltene Pflanzen und Tiere vorkommen. Zone II (Wilderness) liegt abseits der Straßen und ist nur auf Wanderwegen erreichbar. Sie macht 93 % der Fläche aus. Zone III (Natural Environment) schließt den Umkreis von stark besuchten Plätzen und Straßen ein und umfasst 1 % des Parks, ebenso wie Zone IV (Outdoor Recreation), zu der neben den Skigebieten auch Zelt- und Picknickplätze gehören. Auch die Benutzung von Motorfahrzeugen ist in dieser Zone gestattet. Zone V (Park Services) ist mit weniger als 1 % die kleinste Zone. Sie schließt die Besucherzentren von Banff und Lake Louise ein. Die meisten Besucher halten sich in den Zonen III, IV und V auf, nur ein kleiner Teil dringt bis in die Zone II vor. Ob diese Zonierung jedoch ausreichen wird, um das natürliche Gleichgewicht des Parks zu erhalten, bleibt abzuwarten. Da die Besucherzahlen weiterhin zunehmen, werden wahrscheinlich weitere Maßnahmen zu ergreifen sein (vgl. Lenz 2001, S. 68).

4.2 Nahanni National Park

Der in den Northwest Territories gelegene Nahanni Park wurde 1978 als erster Nationalpark von der UNESCO zum Weltnaturerbe erklärt. Auf dieser Liste stehen bislang nur 137 Naturdenkmäler. Der Park liegt in einem isolierten und kaum erforschtem Gebiet an der Grenze zum Yukon-Territorium entlang des South Nahanni River, dessen Lauf dadurch auf einer Länge von 300 km geschützt wird, und repräsentiert die Naturregion der Mackenzie Mountains. Benannt wurde er nach einem früher in der Region ansässigen, mittlerweile verschollenen Indianerstamm.

Die beiden Hauptsehenswürdigkeiten sind die Rabbitkettle Hotsprings und die Virginia Falls. Erstere unterliegen einem besonderen Schutz und sind nur in

Bild 2: Virginia Falls - Nationalpark Nahanni

Begleitung eines Parkführers zugänglich. Durch die vom Wasser mitgeführten Mineralien und Sedimente sind dort seit der letzten Eiszeit Tufftürme von mittlerweile 27 m Höhe entstanden. Zudem haben sich in den warmen Dämpfen Pflanzen angesiedelt, die in diesen Breitengeraden normalerweise nicht vorkommen. Die Virginia Falls sind mit 125 m mehr als doppelt so hoch wie die berühmten Niagara Falls. Auf einer Breite von 200 m stürzt das Wasser hier in einen Talkessel.

Obwohl der South Nahanni River durch seine abwechslungsreichen Flussabschnitte und die Schönheit der umliegenden Landschaft ein Paradies für Wildwasserfahrer darstellt, wird der Park jährlich nur von etwa 5000 Leuten besucht – im Vergleich zu anderen Parks eine kaum nennenswerte Zahl. Der Grund hierfür liegt darin, dass der Nahanni National Park nur sehr schwer zugänglich ist. Es gibt keine Straße, die ihn erreichbar machen würde, so dass man nur in gecharterten Wasserflugzeugen oder Hubschraubern zu den Startpunkten der Kanu- oder Schlauchboottouren gelangen kann. Außer diesen Touren und einigen wenigen Wanderwegen bietet der Park keinerlei Freizeitaktivitäten und auch abgesehen von einigen Zeltplätzen im Hinterland keine Infrastruktur. Zwar gibt es ein Besucherzentrum, in dem die Natur, Geschichte und Geographie des Parks erklärt werden, dieses befindet sich jedoch außerhalb, in Fort Simpson. Die Naturbeobachtungen beschränken sich auf die von den Booten aus sichtbaren Teile der Flora und Fauna. Zudem müssen sich alle Besucher bei der Parkverwaltung anmelden, die deren Zahl streng begrenzt. Damit soll verhindert werden, dass die empfindliche Natur übernutzt wird.

Auch erwähnenswert ist, dass der Fluss seit 1987 zum Canadian Heritage Rivers System (CHRS) gehört, einem Programm, dass durch eine Kooperation der Regierung in Ottawa und den Provinz- bzw. Territorialregierungen ins Leben gerufen wurde, um signifikante Flusslandschaften besonders zu schützen und für künftige Generationen zu erhalten. Die ins Programm aufgenommenen Flüsse müssen entweder einen menschheits- oder naturgeschichtlichen Hintergrund aufweisen oder von hohem Erholungswert sein. Seit der Einrichtung 1984 wurden mehr als 6000 km Flusslauf unter Schutz gestellt. Damit ist das CHRS das am schnellsten gewachsene Flussschutzprogramm der Welt.

4.3   Algonquin Provincial Park

Der Algonquin Provincial Park, ebenfalls nach einem Indianerstamm benannt, ist mit 7725 km² der größte Naturpark der Provinz Ontario, größer als die kleinste kanadische Provinz Prince Edward Island. Er wurde bereits im Jahr 1893 gegründet und ist somit auch der älteste. Mit seiner Einrichtung sollte im Gegensatz zu vielen

anderen Provinz- und Nationalparks weder der Tourismus gefördert noch eine intakte Landschaft geschützt, sondern zerstörte Wälder wieder aufgeforstet werden, damit die Holzindustrie hier weiterhin ihrem Geschäft nachgehen konnte. Auch heute noch ist der Holzschlag – unter strikter Kontrolle und abseits der Touristenrouten – erlaubt. Die

Bild 3: Algonquin Provincial Park

Lage des Parks im dichtbesiedelten Süden der Provinz, nur wenige Autostunden von den Millionenstädten Toronto und Ottawa entfernt, sowie seine landschaftliche Schönheit sind die Ursache dafür, dass er sich großer Beliebtheit erfreut und von vielen Menschen aufgesucht wird. Er wurde unter anderem durch die Landschaftsbilder der kanadische Künstlergruppe Group of Seven bekannt, sowie durch das spurlose Verschwinden von deren Mitglied Tom Thomson während einer Kanutour in Algonquin.

Der Park ist touristisch gut erschlossen. Er besitzt acht Campingplätze mit insgesamt 1200 Stellplätzen, sowie im Hinterland, vor allem entlang der Kanustrecken, weitere 1900 Stellplätze für Zelte. Auch die umliegenden Orte sind mit Ausrüstungsverleih, Tankstellen und Übernachtungsmöglichkeiten ganz auf Touristen eingestellt. Ein Besuch ist ganzjährig möglich, auch wenn viele Dienstleistungen nur im Sommer angeboten werden. So ist das Besucherzentrum zwar auch im Winter geöffnet, jedoch nur an Wochenenden und Feiertagen. Die meisten Leute kommen im Juli und August, um hier ihre Ferien zu verbringen und halten sich nur in der Nähe des 56 km langen Hauptkorridors auf, den der Highway 60 durch den Park schneidet. Dort ist das Freizeitangebot auf Schwimmen, Picknicken und kurze Wanderungen begrenzt. Das Hinterland ist mit seinen mehr als 1500 Flüssen und Seen bei Kanufahrern sehr beliebt, vor allem im Herbst, wenn das Naturschauspiel des Indian Summer beobachtet werden kann. Im Winter locken über 80 km Langlaufloipen und die für Schneeschuhläufer zugänglichen Wanderwege Wintersportler in den Park. Zudem kann in dieser Jahreszeit an Hundeschlittentouren teilgenommen werden.

Eine weitere beliebte Freizeitaktivität im Park ist die Tierbeobachtung. Die Vogelwelt des Parks umfasst mehr als 260 verschiedene Arten. Auch gibt es Hirsche, Biber, Schwarzbären und Elche zu sehen, letztere lassen sich vor allem entlang des Highways gut beobachten. Zudem ist der Park Aufenthaltsort der am weitesten südlich lebenden Wolfsrudel Kanadas. Die Zoologen der Parkverwaltung organisieren im August eine sehr beliebte Veranstaltung namens „Wolf Howl". Die Besucher versammeln sich hierbei nach Einbruch der Dunkelheit auf dem abgesperrten Highway, während die Parkranger versuchen ein in der Nähe geortetes Rudel durch Imitation des Wolfsgeheuls zu einer Antwort zu provozieren.

Der Park besitzt ein sehr umfangreiches Bildungsprogramm. Im Besucherzentrum, eröffnet 1993 anlässlich des 100-jährigen Bestehens, werden Ausstellungen über die Geschichte und Natur des Parks, Theateraufführungen, interaktive Spiele, Videos, eine Aussichtsterrasse und ein Buchladen geboten. Im Algonquin Logging Museum kann man sich über die Geschichte der kanadischen Holzfällerei informieren und in der Algonquin Gallery Tier- und Pflanzenmalerei betrachten. In geführten Wanderungen wird dem Besucher die Ökologie des Parks nähergebracht und erklärt. Das „Algonquin for kids"-Programm lässt Kinder im Alter von 5 bis 12 Jahren den Park durch Spiele und Geschichten entdecken, während für

Erwachsene ein den ganzen Sommer über täglich stattfindendes Abendprogramm im Freilichttheater eingerichtet wurde, das aus Filmen, Vorträgen und Diskussionsrunden besteht. Zudem finden Sonderveranstaltungen wie z. B. der bereits erwähnte „Wolf Howl" statt.

5. Ausblick auf die Zukunft

Wie weiter oben bereits erwähnt, sind längst noch nicht alle Naturregionen Kanadas durch einen Nationalpark repräsentiert. Auch die bereits bestehenden Parks bedürfen häufig noch einer Vergrößerung. Parks Canada arbeitet deswegen ständig daran, neues Land zu erwerben und zum System der Nationalparks hinzuzufügen. Es ist jedoch noch nicht absehbar wann das Ziel, in jeder der 39 Naturregionen wenigstens einen Park vorzufinden, erreicht sein wird, denn die Einrichtung neuer Parks nimmt häufig einige Jahre in Anspruch, da hier auch sozioökonomische Faktoren eine Rolle spielen.

Auch bleibt abzuwarten, wie die Verwaltung der neuen Nationalparks aussehen wird. Es kann mit Sicherheit angenommen werden, dass den in den betreffenden Gebieten ansässigen First Nations-Gruppen eine Nutzung der Parks weiterhin erlaubt bleiben wird. Da der Schutz und die Erhaltung der Natur mittlerweile das wichtigste Kriterium bei der Verwaltung eines Parks darstellt, kann es möglicherweise zu einer Regulierung der Besucherzahlen kommen.

6. Anhang

Tab. 2: Die kanadischen Nationalparks

Name	Provinz	Gründung	Fläche (km²)	Besucher 1995/96 1000	(%)
1 Banff	Alberta	1885	6641	4858	33,7
2 Yoho	British Columbia	1886	1313	762	5,3
3 Glacier	British Columbia	1886	1349	143	1
4 Waterton Lake	Alberta	1895	505	457	3,2
5 Jasper	Alberta	1907	10878	1606	11,1
6 Elk Island	Alberta	1913	194	217	1,5
7 Mount Revelstoke	British Columbia	1914	260	164	1,1
8 St. Lawrence Islands	Ontario	1914	9	73	0,5
9 Point Pelee	Ontario	1918	15	439	3,1
10 Kootenay	British Columbia	1920	1406	1289	8,9
11 Wood Buffalo	Alberta, Northwest Terr.	1922	44802	6	-
12 Prince Albert	Saskatchewan	1927	3874	172	1,2
13 Riding Mountains	Manitoba	1929	2973	369	2,6
14 Georgian Bay Islands	Ontario	1929	26	73	0,5
15 Cape Breton Highlands	Nova Scotia	1936	948	380	2,6
16 Prince Edward Island	Prince Edward Island	1937	22	836	5,8
17 Fundy	New Brunswick	1948	206	233	1,6
18 Terra Nova	Newfoundland	1957	400	242	1,7
19 Kejimkujik	Nova Scotia	1974	404	58	0,4
20 Kouchibouguac	New Brunswick	1979	239	227	1,6
21 Pacific Rim	British Columbia	1970	286	921	6,4
22 Forillon	Quebec	1974	240	181	1,3
23 La Mauricie	Quebec	1977	536	240	1,7
24 Pukaskwa	Ontario	1971	1878	19	0,1
25 Kluane	Yukon	1976	22013	66	0,5
26 Nahanni	Northwest Territories	1976	4765	5	-
27 Auyuittuq	Nunavut	1976	19707	1	-
28 Gros Morne	Newfoundland	1970	1805	129	1
29 Grasslands	Saskatchewan	1975	906	5	-
30 Mingan Archipelago	Quebec	1984	151	29	0,2
31 Ivvavik	Yukon	1984	10168	-	-
32 Ellesmere Island	Northwest Territories	1988	37775	-	-
33 Bruce Peninsula	Ontario	1987	154	211	1,5
34 Gwaii Haanas	British Columbia	1987	1495	3	-
35 Aulavik	Northwest Territories	1992	12200	-	-
36 Vuntut	Yukon	1995	4345	-	-
37 Wapusk	Manitoba	1996	11475	-	-
38 Tuktut	Northwest Territories	1996	16340	-	-
GESAMT			**222703**	**14414**	**100**

Quelle: Lenz 2001, S. 59

Abb. 2: Die Lage der Nationalparks in den Naturregionen

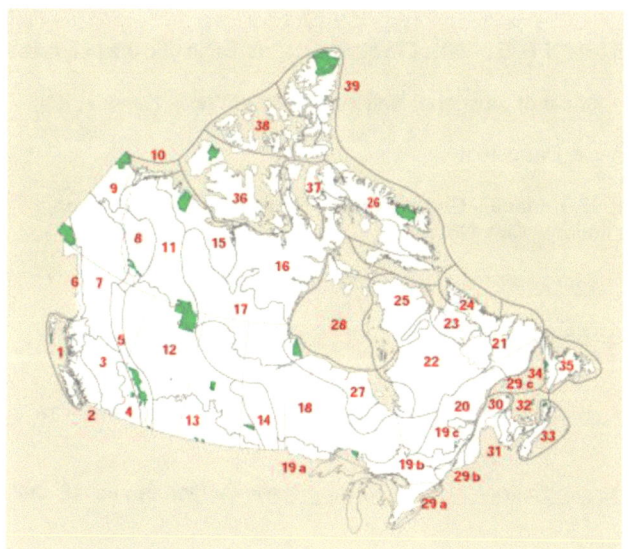

Naturregionen

Western Mountains
1 Pacific Coast Mountains
2 Strait of Georgia Lowlands
3 Interior Dry Plateau
4 Columbia Mountains
5 Rocky Mountains
6 Northern Coast Mountains
7 Northern Interior Plateaux and Mountains
8 Mackenzie Mountains
9 Northern Yukon Region

Interior Plains
10 Mackenzie Delta
11 Northern Boreal Plains
12 Southern Boreal Plains and Plateaux
13 Prairie Grasslands
14 Manitoba Lowlands

Canadian Shield
15 Tundra Hills
16 Central Tundra Region
17 Northwestern Boreal Uplands
18 Central Boreal Upland
19 Great Lakes-St. Lawrence Precambrian Region
    (a) West, (b) Central, (c) East
20 Laurentian Boreal Highlands
21 East Coast Boreal Region
22 Boreal Lake Plateau

23 Whale River Region
24 Northern Labrador Mountains
25 Ungava Tundra Plateau
26 Northern Davis Region

Hudson Bay Lowlands
27 Hudson-James Lowlands
28 Southampton Plain

St. Lawrence Lowlands
29 St. Lawrence Lowlands
    (a) West, (b) Central, (c) East

Appalachian Region
30 Notre Dame-Megantic Mountains
31 Maritime Acadian Highlands
32 Maritime Plain
33 Atlantic Coast Uplands
34 Western Newfoundland Highlands
35 Eastern Newfoundland Atlantic Region

Arctic Lowlands
36 Western Arctic Lowlands
37 Eastern Arctic Lowlands

High Arctic Islands
38 Western High Arctic
39 Eastern High Arctic

Quelle: Parks Canada

15

Literaturverzeichnis

JOHANN, A. E. u. EMSHOFF, E., 1993: Die Nationalparks Banff und Jasper, o.O.

MAYBANK, B., 2001 für die dt. Ausgabe: Nationalparks der Welt – Kanada, Köln

LENZ, K., 2001: Kanada, Darmstadt

VOGELSANG, R., 1993: Kanada – Geographische Strukturen, Entwicklungen, Probleme (Perthes Länderprofile), Gotha

http://www.kanadisch.com/parks.html (aufgerufen am 17. Juli 2003)

http://www.wissen.de/xt/default.do?MENUNAME=Suche&query=nationalpark (aufgerufen am 17. Juli 2003)

http://www.parkscanada.gc.ca/pn-np/nt/nahanni/index_e.asp (aufgerufen am 18. Juli 2003)

http://www.parkscanada.gc.ca/pn-np/ab/banff/index_e.asp (aufgerufen am 18. Juli 2003)

http://www.ontarioparks.com/english/algo.html (aufgerufen am 19. Juli 2003)

http://www.parkscanada.gc.ca/edu/index_E.asp (aufgerufen am 19. Juli 2003)

http://www.cpaws.org/education/index.html (aufgerufen am 19. Juli 2003)

http://www.pc.gc.ca/docs/pc/rpts/heritage/prot19_e.asp (aufgerufen am 19. Juli 2003)